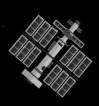

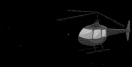

国家出版基金项目
NATIONAL PUBLICATION FOUNDATION

北斗问苍穹
科普丛书

北斗问苍穹
卫星导航和基础设施

—— 著 熊之远 李亚晶 芈惟于

电子工业出版社
Publishing House of Electronics Industry
北京·BEIJING

内 容 简 介

与在日常生活中的应用场景相比，北斗卫星导航系统在基础设施中的应用场景虽然更为多样，但往往不为人们所觉察，如同隐形一般。

为了开阔读者的视野，本书选取 12 个北斗卫星导航系统在基础设施中的应用场景，如种植业、林业、动物保护、渔业和海事、水文监测和水生态监测、气象预测和大气污染监测、地震预测和山体滑坡监测、救援和医疗卫生、建筑测绘和施工、找矿和采矿、地下管网维护、电网运营等，讲述北斗卫星导航系统的重要作用和意义。

本书力图把北斗卫星导航系统的应用场景"图解化"，用形象的语言拉近与读者的距离，鼓励读者张开想象的翅膀，思考北斗卫星导航系统的其他应用情景，让读者在了解我国航天事业取得辉煌成就的同时，增强民族自豪感。

图书在版编目（CIP）数据

北斗问苍穹：卫星导航和基础设施 / 芈惟于，李亚晶，熊之远著 . — 北京：电子工业出版社，2023.8

（北斗问苍穹科普丛书）

ISBN 978-7-121-45581-0

I. ①北… II. ①芈… ②李… ③熊… III. ①卫星导航 – 全球定位系统 – 中国 – 普及读物 IV. ① P228.4-49

中国国家版本馆 CIP 数据核字（2023）第 081930 号

责任编辑：柴　燕
特约编辑：刘汉斌
印　　刷：河北迅捷佳彩印刷有限公司
装　　订：河北迅捷佳彩印刷有限公司
出版发行：电子工业出版社
　　　　　北京市海淀区万寿路 173 信箱　　邮编：100036
开　　本：720×1000　1/16　印张：5.5　字数：96.8 千字
版　　次：2023 年 8 月第 1 版
印　　次：2023 年 8 月第 1 次印刷
定　　价：56.00 元

丛书编委会

丛书主编

刘经南（中国工程院院士）

丛书副主编

姜卫平（教育部长江学者特聘教授）

丛书编委

李亚晶　芈惟于　欧阳玲　马广浩

刘兵兵　李　刚　熊之远

前　言

北斗卫星导航系统（简称北斗系统）不仅是我国重要的空间基础设施，还是航天事业的一项重要成就。北斗系统的建设和运营不仅带动了科技、经济的发展，更是为广大用户带来了便利。

2020 年，北斗三号正式建成，圆满完成了北斗系统"三步走"的发展战略，开始向全球化时代加速迈进：面向全球用户提供全天候、全天时、高精度的定位、导航和授时服务。由于北斗卫星定位技术、北斗卫星导航技术与新一代信息技术及其他技术具有高度的关联性，北斗产业也和多个相邻产业深度融合，因此，北斗系统在现代智能信息产业群中发挥着技术支持平台和发展引擎的作用，并迅速进入涉及国家安全、国民经济、社会民生等诸多领域。

在人们的日常生活中，很多地方都用到了北斗系统。它既可以成为道路交通协管员、农业生产人员的好帮手，也能成为动物的守护者、渔民的保护神。截至 2022 年上半年，包括内置北斗模块的智能手机在内的北斗用户设备数量超过 1 亿台。可以说，北斗系统无处不在。

为了展现我国航天事业的伟大成就，让读者读懂航天，激发读者探索科学的兴趣，我们特撰写北斗问苍穹科普丛书。本套丛书由中国工程院院士刘经南、教育部长江学者特聘教授姜卫平牵头，由长期从事航天工作、参与北斗系统设计建设的研究人员担任主要作者（除封面署名作者外，刘作林老师也参与了书稿的撰写工作）。在撰写完成后，又聘请曹冲、曹雪勇、第五亚洲、来春丽、李冬航等多位专家进行了技术审核。本套丛书共三册：《北斗问苍穹：优秀的北斗三号》《北斗问苍穹：卫星导航和大众生活》《北斗问苍穹：卫星导航和基础设施》。本套丛书力图通过简洁的语言、精美的图片，向读者讲解北斗系统的基本原理，生活中的北斗系统，以及北斗系统在农林渔业、水文监测、气象预报、救灾减灾、交通运输、建筑施工、找矿采矿、电网运营等涉及经济社会发展领域中的应用，揭开北斗系统的神秘面纱。

"北斗垂莽苍，明河浮太清。"此刻，苍穹中已有中国人自己的北斗系统。我们希望本套丛书能够解读令人自豪的"中国名片"，对宣传我国在航天领域的科技创新成就、提升读者的科学文化素养、提升大众的文化自信起到促进作用。

芈惟于

2023 年 6 月

目　录

第 1 章

北斗和种植业

我国人口众多，人均耕地面积少，只有发扬精耕细作的传统，才能在有限的耕地上种出更多的粮食。中华人民共和国成立后，非常重视种植业技术，70 多年来，单位耕地面积产量（单产）一直保持上升态势，总产量也持续上升。根据联合国粮农组织提供的数据，中国利用世界 9% 的耕地面积、6% 的淡水资源，养活了世界近 20% 的人口，实现了从饥饿到温饱，再到小康的历史性巨变。

尽管取得了如此巨大的成就，但进步没有止境，如果"走进"地球的"现代农业竞技场"，与其他农业大国相比就会发现，中国的种植业技术与几个主要粮食出口国仍有不小的差距。造成这一差距的原因很多。

首先，虽然因城镇化减少了从事农业生产的人数，但农业生产的人口基数依然庞大。城镇化是一个长期、稳定的过程，具体的情况是城镇人口在总人口中的占比越来越大：第七次全国人口普查的数据显示，截至 2020 年 11 月 1 日零时，我国居住在城镇的人口为 901 991 162 人，在总人口中的占比为 63.89%；10 年前，第六次全国人口普查的数据显示，截

至 2010 年 11 月 1 日零时，我国居住在城镇的人口在总人口中的占比为 49.68%；20 年前，第五次全国人口普查的数据显示，截至 2000 年 11 月 1 日零时，我国居住在城镇的人口在总人口中的占比为 36.22%。由此可知，进入 21 世纪后，居住在城镇的人口占比以每 10 年十几个百分点的速度上升。虽然农业生产人口越来越少，但总数仍有 5 亿人左右，我国的耕地面积长期守着 18 亿亩"红线"不动摇，若要保持增产，则必须采用先进的种植业技术来发展规模种植。

其次，我国国土面积广阔，东部、中部、西部地区的耕地品质差距很大，土壤条件和气候也截然不同。以单产为例：条件较好的地区，单产并不输给粮食第一大出口国——美国；条件

较差的地区，单产为高品质耕地的一半甚至更低。怎样开发出适应不同条件耕地的种植业技术？需要解决的问题很多。其中最为重要的是，有些关键技术，如粮食育种具有战略价值，必须尽快进入世界最先进的行列，并将其牢牢地掌握在咱们自己手中。

在高质量发展种植业技术的同时，还要做好生态环境保护，为此就需要研发大量的新技术。可以说，在种植业中有一棵枝繁叶茂的"科技树"等着我们去培育，种植业自动化作为"科技树"的主干，北斗卫星导航系统（简称北斗系统）正在其中发挥着越来越重要的作用。

之所以必须要采用自动化程度高的种植业模式，并要逐步取代从古代发展而来的传统种植业模式，是因为传统种植业模式中的单个农业生产人员能够管理的耕地面积，与自动化种植业模式相比，要低两到三个数量级，即从几亩到几百亩，甚至几千亩的差距。单个农业生产人员能管理的耕地面积越大、效率越高，收入才可能越高。如果种植业的技术和模式不变，则从事农业生产人员的收入就不会明显提升，将来的收入也不能产生质的改变，人员持续净流出，造成恶性循环。若能够采用自动化种植业模式，则会出现大量高收入的工作岗位，自然会吸引更多优秀的人才加入其中。

在这一过程中，北斗卫星导航系统能够提供哪些强大功能呢？第一，为农机提供定位、导航及授时服务，可使多台农机协同作业；第二，为农机提供环境传感服务，可使农机感知耕地的边界、障碍物等环境信息；第三，提供驾驶控制技术，即实现农机的自动驾驶；第四，能够实现自动作业，即自动播种、自动收割等。

由于驾驶控制系统的设计不同，农机中的自动播种机和自动收割机又分为有人驾驶的和无人驾驶的两类。即使是有人驾驶的，也不需要驾驶员干预播种或收割作业，不需要转动方向盘，只需要通过油门和刹车控制农机的行驶速度，农机即可按照规划路线一行一行地"走完"需要作业的耕地，完成自动播种或收割作业，极大提升了工作效率和工作舒适度。若无人自动播种机和无人自动收割机的自动化程度更高，则使用它们的农业生产人员就可以坐在耕地附近的办公室里，通过电脑操作农机，与牵着黄牛"面朝黄土背朝天"的传统种植业模式形成鲜明对比。

若将搭载北斗卫星导航系统终端（简称北斗终端）的无人机装上智能播撒系统，则可"变身"为飞行播种机，能够精准地把种子喷射至泥土浅层，播种效率为 80~100 亩 / 时，是人工播种效率的 50~60 倍。

小·提示

光能自动播种、自动收割还远远不够，施肥、施药（喷洒农药）也很重要。基于北斗技术的植物保护无人机（简称植保无人机）可飞至空中喷洒农药，使农作物免于虫害，同时实现精准、精量施药，减少农药喷洒量，保护生态环境。

从宏观上讲，种植业的基础是农田，北斗一代、北斗二代、北斗三代一直持续参与农田数据的采集，已经取得了长足的技术进步，并积累了丰富的经验。例如，北斗卫星导航系统结合遥感卫星图像，能快速测到农田的边界。由于北斗卫星导航系统在定位的同时可提供时间信息，因此农业管理部门的研究人员能够综合各地采集的农田信息，掌握某一时刻全国的农田分布情况。在服务于"守住 18 亿亩耕地红线"和"建设 10 亿亩高标准农田"等全局目标的过程中，北斗卫星导航系统提供了强大的技术保障。

从微观上讲，农机作业的自动化依赖于对农田信息的准确掌握。内置北斗终端的农田监测设备，不仅可以连续监测土壤信息（含水率、酸碱度、有机质含量等）、环境信息（温度、湿度、光照、病虫害等），还能将数据通过北斗短报文通信的方式传送到控制室。这些数据正是实现精准种植的基础。

相信有了北斗卫星导航系统等自主研发技术的助力，现代化的精准种植将使我国秉持的古代种植业"精耕细作"的理念，在自动化种植业逐步普及的时代持续发扬光大，为早日实现农业强起来、农村美起来、农民富起来的美好愿景不断蓄力。

想一想　　　?　　　搜一搜

1. 为什么需要多台农机协同作业？请设想一个两台不同种类农机协同作业的例子。
2. 常见的植物保护无人机是怎么飞行的？

第 2 章

北斗和林业

中国的森林面积大吗?

这个问题看似简单,回答起来却稍微有些复杂。如果仅用森林面积来衡量,那么全球森林面积排名前 5 的国家依次是俄罗斯、巴西、加拿大、美国、中国。全球大约 55% 的森林分布在这 5 个国家。联合国包括 193 个会员国和 2 个观察员国,也就是说,另外 190 个国家的森林面积全加起来仅占 45%,还赶不上 5 个国家森林面积的总和。中国的森林面积占全球森林面积的 5%。这样看来,中国的森林面积很大。

再来换个视角。全球的森林覆盖率(覆盖着森林的陆地占全球陆地面积的比率)为 30.7%,中国的森林覆盖率为 22.96%(2018 年数据),只约占全球森林覆盖率的 75%。这样看来,中国的森林面积很小。

之所以得出这两个彼此矛盾的答案,是因为世界各国的陆地面积相差太大。若用领陆面积表示各国除去水域、殖民地面积之后的陆地面积,则有 6 个国家的领陆面积远超其他国家,依次是俄罗斯、加拿大、中国、美国、巴西、澳大利亚。领陆面积排名前 5 的国家恰好与全球森林面积排名前 5 的国家重合。这并不让人意外。为什么说世界各国的陆地面积相差太大呢? 例如,领陆面积排名第 6 的澳大利亚,其领陆面积为 769 万平方千米,是中国领陆面积(960 万平方千米)的 80%;领陆面积排名第 7 的印度,其领陆面积为 298 万平方千米,是中国领陆面积的 31%。

在做了上述知识储备之后,就可以回答中国森林面积大与小的问题了。完整的回答是,中国森林绝对面积名列前茅,人均森林面积不足世界人均森林面积的 1/4。动态来看,全球森林面积正在减少,而中国奋力造林,人工森林面积位居世界首位,总森林面积正在增加,森林覆盖率已经超过澳大利亚:2008 年,两国的森林覆盖率

相近，均约为 20%；10 年之后的 2018 年，中国的森林覆盖率达到 22.96%，澳大利亚的森林覆盖率仍停留在 20%。10 年间，中国增加的森林面积相当于一个广西壮族自治区的面积。若只比较 2013—2018 年中国增加的森林面积，则相当于整个福建省的面积。

在加快林业发展、加强生态文明建设的过程中，森林防火工作是其重要的基础和前提。森林火灾作为一种突发性强、破坏性大、处置救助较为困难的灾害，是妨碍社会稳定和人民生命财产安全的重要因素。保障森林防火工作不仅是中国防灾减灾工作的重要组成部分，也是国家公共应急体系建设的重要内容。引起森林火灾的原因很多，既有违规用火、乱扔烟头、输电线路漏电等人为因素，也有一些自然原因，例如枯枝败叶在炎热的天气里发生自燃、雷电击中树桩导致燃烧等。为了保护森林，我国组织成立了庞大的护林员队伍（截至 2017 年，护林员的人数约为 37 万人）。每到森林防火期（由各地森林防火指挥部根据实际情况确定），护林员会定时到森林各处巡查，若发现隐患，则及时消除，并报告给指挥部，必要时可请求增援。

随着将北斗技术大量应用于林业，我国的护林事业有了更多的好办法、新举措。北斗终端就是护林员的好帮手，在发生火灾时，能将准确的定位报告给指挥部，即便在没有手机信号的地方，也能通过北斗短报文通信方式及时与指挥部取得联系。

我国的森林防火工作实行的是预防为主、积极消灭的方针。预防是森林防火的前提和关键。若护林员的人数不足，或者由于森林的地形复杂，护林员不敢贸然走进森林，该如何预防森林火灾呢？此时，遥感卫星和无人机就可大显身手：由于温度高的物体和温

度低的物体会辐射出不同的红外线，因此遥感卫星和无人机在利用红外成像相机俯瞰森林时，可明显分辨出起火点，以及那些虽然暂时没有起火，但有反常高温的隐患点。遥感卫星的监测范围虽然广，但难以发现较小的火情（例如，燃烧面积在 10 平方米以下的火情）。火情监测无人机可悬停或掠过森林上空，能够实现更为细致的监测。不妨设想一下：只要无人机足够多，就可以在森林上空构建一张无人机监测网，能够消灭一切火灾隐患。

无人机的种类很多，如火情监测无人机和灭火无人机。灭火无人机自带灭火弹，可自动喷洒干粉，实现"察灭一体、即察即灭"。我国的火情监测无人机和灭火无人机大多装载了北斗卫星导航系统，不仅可在森林中监测和灭火，还能"胜任"草原、厂房、楼宇的预防和灭火工作。

森林除了害怕发生火灾，还害怕发生病虫害。护林员的另一项重要工作是监测森林是否发生了病虫害。若只监测火情，护林员使用普通的手持式北斗终端就足够了。若在监测火情的基础上，还要完成包括监测是否发生了病虫害等系列任务的生态巡护，护林员就要寻找更为有力的"帮手"——北斗巡护手持终端了。为了适应野外工作，研究人员给北斗巡护手持终端做了防水、防摔、防雷击等设计。护林员不仅可使用北斗巡护手持终端进行实时定位，记录巡山轨迹，撰写巡山日记，以及实时采集森林火灾、森林病虫害、森林资源情况等数

据，还能使用北斗巡护手持终端所具有的北斗短报文通信功能发送位置信息和巡护数据。除此以外，植物保护无人机也可在森林中"大显身手"：通过在树冠上飞行，实现快速、精准施药，既能消除病虫害，又能避免农药损伤植被。

有了北斗卫星导航系统及铺设在森林多个位置传感器的助力，"数字林场"成为现实，即将不同种类的传感器组合起来，感知、记录、传回有关林场的不同信息数据，如位置、空气温度、空气湿度、风力、风速、氧气浓度、二氧化碳浓度、土壤温度、土壤湿度等，林场管理工作人员通过集中显示在电脑屏幕上的信息数据，就可掌握林场不同位置的情况，实现森林资源的科学管理。一旦林场出现灾害，"数字林场"就能够自动报警，提醒林场管理工作人员迅速响应，从而组织力量控制灾情。"数字林场"的应用，提高了天然林保护和造林事业的科技含量，为保护自然资源、保护生态环境提供了强有力的技术支撑。

想一想　搜一搜

1. 我国的人工林主要分布在哪些地方？为什么要在这些地方大力造林？
2. 寻找一个从林场工人转职为护林员的案例。

第 3 章

动物在哪里

森林是野生动物的栖息地之一，是开展野生动物研究和野生动物保护的重要场地。很早以前，生物学家就使用追踪环（脚环或颈环）对野生动物进行定位、追踪，监测并研究其生理活动。然而，由于野生动物一经放归野外，就很难再次将其捕捉，在定位、追踪、监测等活动结束时，如何将追踪环从野生动物身上解除并回收是需要考虑的问题。为此，生物学家研制出一种野生动物项圈的自动脱落装置。例如，在云南的原始森林里，我国生物学家使用一种内置北斗定位模块、具有自动脱落功能的颈环来研究金丝猴。除此以外，在研究戈壁滩上的藏羚羊、高山草甸中的羚牛、山洞里的蝙蝠时，都使用过基于北斗技术的追踪环。

目前，世界各国的生物学家都积极采用追踪环来开展相关研究。追踪环所采用的技术方案有三种。

第一种，只存储多个时间点的监测信息，若想读取追踪环中的监测信息，就必须回收追踪环。这种追踪环的最大缺点是能否回收具有很大的不确定性。

第二种，可记录监测信息，并能与地面接收设备进行无线通信。只要追踪环通过发射信号与附近的地面接收设备建立起连接（类似于手机和基站建立连接），就可以把此前记录的监测信息上传到地面接收设备。生物学家通过地面接收设备即可获取监测信息，不需要回收追踪环。这种追踪环的最大缺点是，如果戴着追踪环的野生动物走出了地面接收设备的覆盖区域，就无法被找到，也就不能上传监测信息了。

第三种，可获取监测信息，并能发送给卫星导航系统，以确保生物学家实时接收监测信息。截至目前，大部分全球导航卫星系统，如全球定位系统、格洛纳斯导航卫星系统、伽利略导航卫星系统，都不能接收追踪环发送的监测信息，只有我国的北斗卫星导航系统才能通过短报文通信方式获得追踪环上传的监测信息。

介绍完了野生动物，再来说说家畜。北斗系统也是放牧人的好帮手。

在介绍"北斗牧羊"这个话题之前，想先谈谈"寻呼机牧牛"。寻呼机，也叫传呼机、BP 机，虽然很多年轻人几乎没见过，但它进入中国市场后，曾经风靡一时，在 20 世纪 90 年代迅速普及。有统计数据显示，截至 1998 年，中国的寻呼机用户数超过 6500 万，位列世界第一。之后几年，随着手机价格和通信费用持续降低，寻呼机很快就销声匿迹了，真可谓"其兴也勃焉，其亡也忽焉"。虽然截至 2007 年，中国的寻呼台全部停止运营，但直到现在（2022 年），其他一些国家，包括欧美等发达国家，还有人在使用寻呼机。

寻呼机,顾名思义,是用来"寻找"并"呼叫"的。假设穿越到 1990 年，想要联系一位使用寻呼机的朋友，则标准操作流程如下:第一步，打电话到寻呼台，告诉话务员朋友的呼号，请话务员向朋友的寻呼机发送一条信息，如一串文字或希望朋友回复的电话号码;第二步，话务员利用无线电波将信息发送至朋友的寻呼机;第三步，寻呼机开始响铃、播放音乐或振动。

那"寻呼机牧牛"是怎么回事呢？在澳大利亚的一些牧场，牧场主会在每头牛的身上都挂上一台寻呼机，早晨将牛放出，让牛在草场上自由自在地吃草。当夕阳西下，牛该回到牧场时，牧场主会给寻呼台打电话，请话务员呼叫每头牛，只呼叫即可，至于是发送数字还是发送字符，全看话务员的心情（整个过程甚至不需要真人话务员处理，可以全由虚拟话务员自动完成）。寻呼机在收到话务员发出的呼叫后，开始播

185

放音乐。牛在听到音乐后，便转身向牛栏走去。很多人对此感到惊讶。其实牛很聪明，训练牛建立一个"听到特定音乐回家"的条件反射并不困难。

再来谈谈"北斗牧羊"。在内蒙古、青海和新疆，放牧人会使用"北斗项圈"放牛、羊、骆驼等，即给牛、羊、骆驼等戴上"北斗项圈"，通过"北斗项圈"里的北斗芯片定位牛、羊、骆驼等的位置。每隔一段时间，如10分钟，"北斗项圈"就会通过蜂窝通信或北斗短报文通信的方式发出位置信息。放牧人坐在家中即可接收牛、羊、骆驼等的位置信息。对着电脑屏幕的放牧方式，大大减轻了放牧人的工作强度。要知道，传统的放牧方式是骑马放牧，有了摩托车之后，改为骑摩托车放牧。若仅是赶着牛、羊、骆驼等吃草还好办，要是走丢了一只羊，那可能需要跑上几十千米，甚至寻找几天才能把羊找回来。

利用"北斗项圈"定时发出位置信息是标准的航天思路。科学家常用卫星上"信标机"定时发送的无线电信号（之后由地面站接收信号）来判断卫星状况。戴了"北斗项圈"的牛、羊、骆驼等，不正是放牧人发射到广阔草原上的卫星吗？这些牛、羊、骆驼等不仅配有"信标机"，还配有"应答机"。应答机也是航天工程中的常用设备。信标机不接收信号，只广播信号，是一个能够稳定输出的信号源。应答机则不然，并不能主动广播信号，而是在接收到地面站的信号时，能够根据指令，通过无线电波作出应答。"北斗项圈"同样可以应答。如果放牧人通过电脑屏幕察觉到某头牛的位置不合理，则可给这头牛佩戴的"北斗项圈"发出指令，要求再次反馈位置信息，并校验此前获取的位置信息，从而判断这头牛是真走远了，还是位置信息反馈错误。当发生异常情况时，

稳坐牛、羊、骆驼等"飞行控制中心"的放牧人可指派基于北斗卫星导航系统的无人机飞到发生异常情况的位置，通过实时传回的图像，判断发生异常情况的原因。

有了"北斗项圈"的助力，放牧人找羊、找牛等不再是难事儿。不仅如此，"北斗项圈"还能帮助放牧人省水：在淡水不充足的地方，牧井储存的水是很宝贵的，若通过北斗卫星导航系统发现牛、羊、骆驼等即将到达某处的牧井时，放牧人便可远程启动该牧井的水龙头放水，将水槽灌满，待牛、羊、骆驼等到达后，即可立即饮水，以免提前很久灌满水槽，让水白白蒸发。

设想一个有趣的场景：你来到美丽的科尔沁草原，并化身羊倌，负责管理 1000 只羊。放羊时，羊群每天都会经过一座小山。你决定看看哪些羊走在前面，哪些羊总是磨蹭，于是在电脑中输入小山山顶的坐标，并给 1000 只羊的"北斗项圈"发送反馈位置信息的指令，通过每只羊的位置与山顶之间的距离，判断羊群走动的速度。此时你会发现，387 号羊总是走得很快，165 号羊却是个"磨蹭鬼"！

据不完全统计，使用"北斗项圈"放牧的牧民已达五六百户。北斗卫星导航系统对推动智慧放牧技术的研发、应用起到了重要的作用，并逐步成为更多牧民的"千里眼"。

想一想　搜一搜

1. 无线电波的传播速度是 30 万千米 / 秒吗？
2. 什么叫"条件反射"？

第 4 章

渔业和海事

北斗不仅是农业生产人员、护林员和放牧人的得力帮手，更是渔民的"保护神"。

北斗对从事海洋捕捞的渔民而言，重要性不言而喻，既能借助北斗系统定位，又能不依赖手机基站传递信息，关键时候，能够救船、救命、救险，大大降低了出海的危险性。然而，在刚开始给渔船安装北斗终端时，渔民可不全是持欢迎态度的：有些人认为这是渔政管理部门给渔船戴上的"紧箍咒"。

为了保护周边海域的生物，1995年，我国开始实施海洋伏季休渔制度。伏，是三伏天的伏。因为休渔期覆盖三伏天，所以这样命名。其实休渔期比三伏天长得多，且各地区不同，有的地区从 5 月 1 日到 8 月 16 日，有的地区从 5 月 1 日到 9 月 1 日，还有的地区从 5 月 1 日到 9 月 16 日。之所以将休渔期选在夏季，是因为夏季是很多鱼类产卵、孵化、小鱼长大的时间。怎样监管那些违反休渔制度的渔船，一直是让渔政管理部门头疼的问题。有了北斗卫星导航系统后，为了监管，渔政管理部门免费给管辖范围内的渔船装上北斗终端，北斗终端会定时把渔船的位置信息通过短报文通信的方式传回渔业管理部门。管理人员通过大屏幕即可看见管辖范围内所有渔船的位置。如果有一条渔船在休渔期出港，则其上安装的北斗终端会传回位置信息，并显示在大屏幕上，成为熠熠生辉的"主角"。截至目前，国内的海洋捕捞大省，如浙江、山东、福建、广东、海南、广西、辽宁等，都已建立了基于北斗的船舶动态监管系统。

北斗终端除了能够防止渔船违规出海，还有很多用处。例如，当渔船出现故障不能航行或者渔船上有人生病时，船员可以通过北斗终端呼叫渔政管理部门。渔政管理部门在接收到渔船的求救信号后，可联系距离故障渔船最近的其他渔船或海警船迅速救援。若出现突发的恶劣天气，则渔政管理部门或渔业减灾中心值班室会通过北斗短

报文的群发功能，给管辖范围内的所有渔船发出告警，还能一对一地向离港口较远的渔船发出返航指令。即便在没有手机信号的海域，船员也能通过北斗终端随时向家人报平安，比海事卫星电话便捷且费用低很多。正是因为北斗卫星导航系统在保障渔民安全方面起到了重要作用，并已参与实施过上万次的救援，所以在渔民中就有了出海前"一拜妈祖，二拜北斗"的说法。

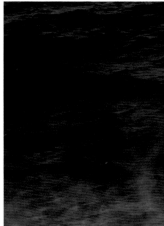

与渔业关联度较高的是海事。海事一词的含义非常宽泛，凡是与船舶航行相关的都属于海事，包括内河航运，不只限于字面意思——"航海事项"。北斗卫星导航系统在海事中的运用已经非常成熟，在航行保障、航标遥测、海上搜救等方面已大量应用。

航行保障。在航行保障过程中，最重要的是保障船舶的安全。毕竟一旦船舶在航行过程中发生碰撞，将会产生巨大的损失。北斗的厘米级高精度定位为船舶之间保持安全距离，特别是在狭窄航道中航行的大型超宽船舶安全交会，提供了有力帮助。

小·提示

　　在狭窄的航道（这里所说的"狭窄"不是日常所说的狭窄，因为对于超大型船舶来说，1000米宽的航道也是"狭窄"的），船舶只能依次前行，不能追越，即不能"超船"，那么两艘方向相同、排水量均为30万吨、长度为300米的船舶，需要保持多少安全距离呢？虽然从理论上讲，保持2000~3000米即可，但为了确保安全，驾驶员通常会保持4000~5000米的安全距离，与高速公路上汽车行驶的安全距离不是一个数量级。

航标遥测。航标，即助航标识，用于帮助在海洋和内河中的船舶避开障碍物，航行在正确的航道上。航标分为固定标、浮标：固定标安装在岸边或岛礁上；浮标浮在水面，通过锚限定位置。航标指引船舶的方式是发出信号，包括灯光、声音、无线电信号等。由于航标的数量多，又分布在茫茫水域，因此对其遥控和遥测是非常复杂的。那么为什么还要执行航标遥测呢？因为浮标的位置会随着水流和潮汐发生改变，所以必须对其精确定位，才能正确指引过往船舶。我国的海上航标和内河航标均综合采用手机信号、AIS信号及北斗卫星导航系统进行定位和通信，可靠性世界领先，并且航标信号的数据传输能够覆盖全水域，可实现无盲区管理。

海上搜救。船舶所配备的北斗终端有两个版本：一个是北斗通信终端，功能繁多，不仅可以用于定位、航线规划、发送信息、拨打电话，还能用于撰写航海日志、记录作业情况——下网次数、渔获等；另一个是北斗示位仪，没有屏幕，不能关机，只有一个能发送求救信号的按钮，安装在船舱外面，可定时发送位置信息给当地的渔业管理部门。通过北斗示位仪，不仅可以在遇到问题时主动报警，也能在设备落水后自动报警，发出包含位置和落水时间的求救信号。接收到信号后，负责海上应急救援的机构会在第一时间核实信息，并即刻展开营救。

渔业和海事远离陆地，受自然条件、物质条件和人为因素的影响较大。一旦发生安全事故，则救助难于陆地，极易造成重大损失。未来，在渔业管理，特别是捕捞渔船管理及海事方面，北斗卫星导航系统将会发挥越来越重要的作用。

1. "海洋捕捞大省" 和 "海产大省" 有什么区别?
2. 高速公路上汽车行驶的安全距离大致是多少?

拓 展 阅 读

　　不仅航天器配有信标机,船舶也配有信标机。通用的船舶信标机被称为 AIS 设备。AIS 是船舶自动识别系统(Automatic Identification System)的英语缩略语。AIS 设备每隔一段时间(2 秒至几分钟不等,根据具体情况确定)广播一组无线电信号(又称 AIS 信号),其作用类似于"自我介绍",包括船舶的名字、长度、位置、航速、航行方向、目的港,以及是否载有危险品等。船舶之间依据彼此的 AIS 信号保持安全距离,避免碰撞。港口依据船舶的 AIS 信号指挥航行、引导进港。在船舶密集的海面,如繁忙的航道、港口附近等,会同时有很多船舶发出 AIS 信号,AIS 信号的接收设备可能会出现因阻塞而丢失信号的情况。因此,人们为 AIS 设备添加了北斗短报文功能,使其既能通过常规的无线电广播方式发出 AIS 信号,又能通过北斗短报文方式发出 AIS 信号,确保岸上的辅助航行设备能够接收到 AIS 信号。目前,北斗卫星导航系统已成为被国际海事组织(International Maritime Organization, IMO)认可的世界无线电导航系统,并且由 IMO 发布了《船载北斗接收机设备性能标准》。

第 5 章

水文监测和水生态监测

与海上航行的船舶相比，沿着河道航行的船舶另有关注点，即河流的水文特征。河流的水量随着季节变化，有枯水期和汛期之分：平时能航行500吨级、吃水为3米以内船舶的一段河道，在枯水期，可能100吨级的船舶都不能航行。水位是水文特征中的重要指标：河道某处的水位发生异常变化，比往年同一时段的水位大大降低，如果船舶驾驶员没有留意，则有可能出现搁浅事故。汛期的水文特征与枯水期正好相反：水量大，水位高，同样伴有危险。由于汛期河道内的水量增大，河道的宽度有限，因此水的流速会增大，特别是河道较窄处会显著增大。水的流速和流向还会在河道转弯处发生急剧变化，给中小船舶的操控带来困难。即使船舶已经停下，甚至已经下锚，也不能掉以轻心，因为水流湍急，仍可能把已经下锚的船舶冲走，船舶会拖着锚移动（称为走锚），存在搁浅、碰撞甚至翻船的风险。另外，如结冰期、含沙量等水文特征，也会对船舶的航行造成影响。此时，基于手机信号、AIS信号、北斗卫星导航系统进行定位和通信的内河航标即可在水文监测方

面发挥重要作用。内河航标具备采集水文特征和气象信息的功能，通过与周边船舶的通信，发送航行信息来保障行船的安全。

水文监测的意义不只在于辅助航运，更在于防汛。一条河流的流域突降暴雨，如果该处的水文监测站不具备提前预警能力，那么下游可能难以应对汛情。水文监测站通过能够远程传送数据的雨量传感器（遥测雨量设备）获得河流各流域的实时降雨数据，并据此预测未来几小时甚至几十小时内河流不同位置的水位变化。目前，北斗短报文通信方式已成为很多遥测雨量设备的备用信道，一旦主信道（手机网络或无线电短波通信）发生故障，北斗卫星导航系统就会立即传出水文

监测数据，使水位预警不中断，确保流域汛期安全。例如，在偏远地区，手机信号弱，无线电短波通信容易受到雷电、暴雨等恶劣天气的影响，在有了北斗卫星导航系统这一备用信道后，水文监测数据不能正常传送的棘手问题迎刃而解，原因如下：第一，北斗短报文通信的速度快，传送的数据不容易丢失，可以确保水文监测的实时性和准确性；第二，北斗短报文支持多用户并发处理，即能够同时服务于多个水文监测站；第三，北斗短报文通信受恶劣天气的影响小，不存在无线电短波通信在雨中严重衰减的缺点；第四，北斗短报文通信的一次传送数据量不大，水文监测数据正好数据量也不大，一条信息几十个字就足够；第五，北斗终端的功耗低、标准化程度高，对供电和人工维护的要求不高，即便是偏远地区的水文监测站也很容易满足要求。鉴于北斗卫星导航系统的信号传送通道稳定性强，不受天气、地形等因素的限制，因此被认为是"称职"的备用信道。

目前，北斗卫星导航系统在各地的水文监测过程中发挥着越来越重要的作用，既能实现数据的自动采集和主动查询，还能实现同步系统时间、数据备份等功能。通过在供水、灌溉、航运、防汛、抗旱过程中提供服务，发挥各种水体、水道的作用，北斗卫星导航系统真正成为水利部门"善其事"的利器。

水资源如此宝贵，需要保护。因此，北斗卫星导航系统深度参与了水生态监测过程。水生态监测是怎么做的呢？监测的重点有两个：一个是准确了解情况；另一个是及时发现污染源。情况是指水体的水质情况，既可通过各种布设在水中的传感器测定，也可通过人工检测的方法来了解。水生态监测指标包括酸

碱度、含氧量、有机污染物浓度、氨氮（以氨或铵离子形式存在的化合氮）浓度等。分布在河流、湖泊（包括水库）中的北斗监测点可以实时收集水生态监测数据，并通过北斗短报文通信的方式传回流域水资源生态环境监测平台。持续观察水质情况的好处是，一旦数据出现异常波动，如污染物浓度快速上升，监测平台就会立即预警，并定位检测出数据异常的传感器，继而找到污染源。一般情况下，河湖排污口附近是设置水生态监测点的重点区域。活动的污染源同样需要关注，如船舶违规向河湖水体排放生活污水，借助基于北斗定位技术和水质传感器技术的设备可监测船舶的生活污水排放情况，并即刻定位违规船舶。

搭载北斗卫星导航系统的无人机和无人船也能在水资源保护过程中大显身手。

无人机。例如，在一个河网密布的县或乡，河道长度可能长达数千千米，若由人工检查水质，则需要投入大量的人力、物力，全部检查一遍需要较长的时间。此时，飞在空中的无人机就派上了用场。这些"空中巡检员"的主要任务是发现因违规堆放垃圾和畜禽养殖给河道造成的污染。在这一过程中，工作人员仅需放出无人机，设定好飞行轨迹，无人机就会在北斗卫星导航系统的帮助下飞过需要巡检的河道，航拍河面的照片和视频片段并传回控制室，工作人员可从传

回的照片和视频片段中发现变绿或变黑的受污染水体。

　　无人船。无人船可自动清除水面污染物，既包括塑料袋、空瓶等垃圾，也包括浮萍、水葫芦等过度繁殖且危害水质的植物。工作人员操作无人船也像操作无人机一样方便，即仅设定航行路径，剩下的工作就交给北斗卫星导航系统吧！

　　除此以外，我国在地下水监测过程中也用到了北斗卫星导航系统。

2018 年，由自然资源部中国地质调查局组织实施的国家地下水监测工程全面完成，建成国家级地下水监测站点 10168 个，并全部实现自动监测，每年产生约 9000 万条地下水的水位、水温、水质等数据。在没有手机信号覆盖的地区，由地下水监测站点获得的数据可通过北斗短报文通信功能实时传送。

　　北斗卫星导航系统会越来越智能，在水文监测和水生态监测领域的应用，未来可期。

想一想　搜一搜

1. 降雨量是用什么单位衡量的？
2. 什么是水体的"绿色污染"？

第6章

气象预测和大气污染监测

《岳阳楼记》中用"上下天光，一碧万顷"的语句形容在开阔的洞庭湖面上倒映着蓝天的壮丽景色。前些年，随着我国工业化、现代化进程的不断加剧，以及汽车保有量的不断增加，部分地区的大气污染日益严重。因此，近些年来，我国在"绿色""低碳"方面不断发力：2013年，"大气十条"的发布，打响了蓝天保卫战；2018年，制订打赢蓝天保卫战三年计划，出台重点区域大气污染防治实施方案，充分体现了我国建设生态文明、治理环境污染的坚定决心。在这一过程中，北斗卫星导航系统一直应用于气象预测和大气污染监测领域，效果显著。

北斗卫星导航系统应用于气象预测的常见方式类似于对水文和水生态的监测，即先定位气象站，再通过北斗短报文通信功能传送气象数据。相对定位功能而言，通信功能更为重要：针对固定的气象站测得一次准确的位置就已足够，如果气象站地处偏远地区，手机信号弱，则北斗卫星导航系统将成为其传送气象数据的可靠通道。

在讨论基于北斗卫星导航系统进行通信的气象站之前，先来谈谈光在大气中的传播。若在炎热的夏日观察远处的地面，例如暴晒的公路或沙地，就会发现，景物并不像它们平常的样子，而是在边沿出现了一连串小小的弯曲，还会微微抖动。这一现象就是由光的折射（光从一种透明介质斜射入另一种透明介质时，传播方向一般会发生变化）造成的。例如，把一根筷子放在盛水的碗里时，笔直的筷子看起来会有一个弯折，且弯折出现在水和空气的交界处。光在密度不同（因温度变化而引起密度变化）的空气中传播时，也会发生折射现象，即传播方向发生变化：贴近炎热地面的空气密度，因被加热而比稍高处的空气密度小，密度小的空气向上流动，由于不同密度的空气不能立即均匀混合，当照射在远方景物中的阳光反射到观察者眼

睛中时，阳光的传播路线已因经过密度不均匀的空气而发生持续且不规则的变化，因此观察者看到的景物就会抖动起来。

在具备了不同密度的空气会导致光发生折射现象的预备知识后，再来介绍天文观测时的一个术语——视宁度，即望远镜显示图像的清晰度。天体中的光线在传播到地面的天文望远镜之前，需要穿过厚厚的大气层。由于大气层的密度不均匀，且不是静止的，因此由地面天文望远镜看到的天体会微微抖动（由此产生星星"眨眼"的现象）。若抖动小，则测得的视宁度数值小。全年平均视宁度是天文台选址的重要指标，视宁度的数值越小，观测条件越优越，即数值越小，观测的星空越澄澈。由于地面附近的空气扰动会对视宁度造成很大影响，因此很多天文台在山上选址。

小·提示

　　柴达木盆地的赛什腾山平均海拔约 4000 米。这里的晴夜时间长，全年可以观测的时间也长。由于优越的大气条件，因此自 2018 年起，天文学家正式开始在赛什腾山选址修建天文台，在短短的几年时间里，已建成了亚洲最大的天文观测基地。

为了给天文观测提供必要的气象数据，2020 年，在柴达木盆地的第一座高山建成了自动气象站——赛什腾山自动气象站。气象站的海拔为 4167 米，观测要素齐全。在停电和雨雪天时，若手机信号不好，则气象数据可通过北斗卫星导航系统进行实时传送，可防止气象数据在传送过程中发生中断的情况。建在野外的气象站，犹如哨兵一般，能够实时发出因暴风雨等恶劣天气造成的地质灾害风险预警，不仅有利于天文观测，还可对柴达木盆地、祁连山、阿尔金山的生态保护和资源开发起到辅助作用，在出现恶劣天气时，甚至能够向当地的居民和旅游者及时发出预警。

人们既关注气象，也关注大气污染。PM2.5 和 PM10 是大气污染的主要指标：PM2.5 是空气中直径小于等于 2.5 微米的颗粒物，也叫"细颗粒物"；PM10 是空气中直径小于等于 10 微米的颗粒物，也叫"可吸入颗粒物"。空气中，PM2.5 和 PM10 的浓度单位是毫克 / 立方米。

为了监测大气污染，各城市八仙过海，各显神通：

有的城市通过在出租车上安装具备北斗定位功能的大气监测仪来测量 PM2.5 和 PM10 的浓度。这些大气监测仪跟着出租车满城跑，可实时地将 PM2.5 和 PM10 的浓度数据和位置数据上传到监测平台。什么时间、什么地点的大气污染严重，通过监测平台一目了然。

有的城市把关注点放在可能造成大气污染的车辆上，如渣土车。渣土车大多是用于运送砂石等建筑材料的大型载重卡车。渣土车的尾气排放是城市大气污染的重要源头之一，所载砂石产生的扬尘也会造成大气污染，速度越快，扬尘越严重。管理办法是给渣土车装上北斗终端和车载电脑：北斗终端负责监控渣土车的行驶速度、是否驶入禁行道路；车载电脑负责在渣土车超过限速（如 30 千米／时）时自动控制其减速，并监控货箱盖是否闭合，若货箱盖没有闭合，则车载电脑会限制渣土车行驶。这种装上北斗终端和车载电脑的全密闭渣土车被称为新型渣土车。为了减少大气污染，北京、合肥、郑州、廊坊等城市纷纷引入了新型渣土车。

更多的气象站逐步建成后，就可通过北斗卫星导航系统获得更加可靠的气象预测数据，发出因暴风雨等恶劣天气造成的地质灾害风险预警。更多的城市应用北斗卫星导航系统后，就可获取更加准确的大气污染物浓度监测数据，构建大气污染物浓度监测网。

想一想　搜一搜

1. 夜晚在地面看星星时，什么星星不"眨眼"？为什么？
2. 气象站主要收集哪些数据？

第 7 章

地震预测和山体滑坡监测

我国是地震多发的国家之一，地震灾害威胁着人民群众的生命财产安全。运用北斗卫星导航系统，能够提升地震灾害的应急响应管理能力。

地球与鸡蛋有什么异同？

若不考虑大小，则地球和鸡蛋的最大差异是，地球为一个相当规则的球体：地球的"腰部"微微鼓起，在赤道测得的地球半径比在南北极测得的地球半径略大，两个数值相差约 18 千米，还不到地球半径的 0.3%。由于这点差距用肉眼是观察不出来的，因此在人们看来，地球是一个几乎完美的球体。

地球和鸡蛋的最大相同之处是分层——鸡蛋有蛋黄、蛋清、蛋壳（ké），地球有地核（地心）、地幔、地壳（qiào）。若把地球等比例缩小至半径只有 100 米，且假设可以畅通无阻地从地核走到地面，就会发现：穿过地核，需要行进约 55 米；穿过地幔，需要行进 44.75 米；穿过地壳，仅需要行进 0.25 米。若将一枚鸡蛋等比例放大到半径为 100 米，则蛋壳厚度约为 1 米。由此可见，地壳非常薄。

薄薄的一层地壳，包裹着地幔。地幔里既有固体，又有流动的炽热岩浆，非常活跃。更危险的是，薄薄的地壳还是"碎"的，至少分为 6 块。

人们把它们称为地壳的 6 大板块，分别是亚欧板块、太平洋板块、美洲板块、印度洋板块、非洲板块和南极洲板块。各板块之间相互碰撞挤压，在交界处会出现特别的地质构造。例如，亚欧板块和印度洋板块之间有巍峨高耸的喜马拉雅山脉，亚欧板块和太平洋板块之间有深不见底的马里亚纳海沟和日本海沟。

地震的诱因很多，包括地质构造活动、火山喷发、岩层塌陷，甚至还有人为因素（例如由核爆炸引发的地震）。地震，尤其是危害大的高烈度地震，大多由地质构造活动引发。因此，在地壳板块的交界处，地震多发（例如处在亚欧板块和太平洋板块交界处的日本列岛，地震频繁发生），板块内部地壳不太坚固、相对较薄的地方，也可能爆发大地震（正如两块木板对撞，木板薄的位置最容易断裂）。

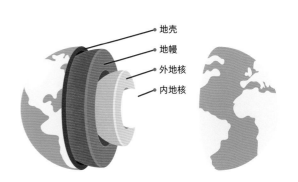

地壳
地幔
外地核
内地核

地震的危害巨大。由于人类对地震的成因和规律认识得不够，因此截至目前，仍没有找到可靠预测地震的办法。不妨将气象预测和地震预测进行比较：气象预测通过监测大气活动来实现，例如通过气象卫星拍摄不同时刻的云图了解气旋、雨云的位置和移动规律，在地面修建大量的气象站来测量风速和风向、温度和湿度，并分析这些参数的变化规律，综合来自气象卫星的数据和地面气象站的数据后，即可预报各地在未来几天的天气；预测地震如何实现呢？需要监测大地的活动，这种监测比监测大气活动不知道要困难多少倍，因为人们无法看透厚达几千米甚至几十千米的地壳，也无法观察火山内部的变化。

好在人们并不是束手无策。目前，人们正在尝试结合两种传感器的数据来预测地震：一种传感器被深埋地下，负责监控岩石的位移、压力的变化、震动等；另一种传感器被安装在地面，与岩石牢牢地固定在一起，通过北斗、GPS 等全球卫星导航系统的精确定位功能，感知岩石在经度、纬度、高度方面的连续变化。

小·提示

山体滑坡是指山体斜坡上某一部分岩土在重力的作用下，因沿着一定的软弱结构面（带）产生剪切位移而发生整体向斜坡下方移动的现象，是常见的地质灾害之一。诱发山体滑坡的主要因素有地震、海啸、降雨、融雪等自然因素，以及爆破、矿山开采等人为因素。

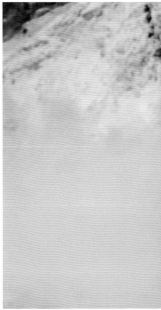

两种传感器协同工作，可帮助人们监测地球各个板块的运动和局部的地质构造运动。随着铺设的传感器逐渐增多，人们获得的数据量越来越大，地震预测模型将得到逐步改进。未来，人们预测地震的能力一定会得到大幅度的提升。

相比地震预测，人们对山体滑坡的监测要有效得多，其原因是山体滑坡发生在地球表层，容易观测发生前兆。最有效的山体滑坡监测方法是监测位移。例如，陡峭且土层疏松的山地发生山体滑坡的风险高，通过基于北斗高精度定位技术的两种传感器可以测得山体形变，从而能够成功预测山体滑坡：如果固定在岩石上的传感器出现较大幅度的移动，或者铺设在地下的传感器监测到地下水的水位和

压力、土壤的含水量等数据超过正常值，则监测系统就会发出预警。

例如，2020 年 7 月 6 日，湖南省常德市石门县发生了近 70 年来规模最大的山体滑坡。在这起特大型山体滑坡发生的 11 个月前（2019 年 8 月），常德市自然资源和规划局通过在石门县雷家山安装的北斗卫星高精度地质灾害监测预警系统（以下简称预警系统，通过与北斗卫星联动，利用各种监测设备实时监测地面位移、深部位移、水位变化、降雨量等，并计算山体位移），就以毫米级精度监测到了山体位移。2020 年 6 月 24 日，预警系统显示雷家山地质灾害隐患点的一个监测桩（7 号桩）水平位移了107.5 毫米，因超过预设的警戒线而发出预警。2020 年 7 月 6 日 14 时

11 分、15 时 30 分，预警系统再次发出两次预警。至此，预警系统已发出三次预警。根据应急预案，三次预警后，当地政府立即转移村民至安全地带（共转移 14 户 33 人），并迅速切断雷家山区域 35 千伏的高压线路，封闭 S522 省道，对过往车辆和行人进行劝返和疏散。在第三次预警发出后 82 分钟，山体滑坡发生了，塌方量瞬间达到 300 万立方米。虽然塌方土石势不可当，立即掩埋了一座小型电站和 200 多亩茶园，拦腰折断两根高压电杆，致使 5 栋房屋倒塌，损毁近 1 千米的省道公路，但因预报及时、转移迅速，所幸未造成人员伤亡。

总体而言，在监测地面位移的过程中，如预测山体滑坡、泥石流等地面灾害，利用北斗卫星导航系统可实现普适化监测预警，并逐步发挥越来越重要的作用。地震预测，作为一种亟待解决的，又需要不断攻克的难题，虽然预测困难，但已取得些许可喜进展。随着科技的不断进步，以及人们坚持不懈地探索，地震预测一定会为地质灾害预防筑起铜墙铁壁。

想一想　搜一搜

1. 地核有怎样的结构？
2. 火山可分为哪些类别？

第 8 章

救援和医疗卫生

虽然截至目前，准确预测地震的难度较大，但在地震发生后的救援过程中，北斗卫星导航系统可发挥关键作用。例如，2008年，汶川地震发生后（当时北斗系统为北斗一号，已具备定位和短报文通信功能），灾区的有线电话和手机无线通信全部中断，1000多台北斗终端成了救灾部队向指挥部发送灾情报告的可靠设备，有效保障了救援信息的畅通，指挥部在了解到每支救援部队的精确位置后，根据灾情，能够及时下达新的救援任务。

为了应对灾害，一些国家通过签署协定建立了国际搜救卫星组织，实施名为The International Cospas-Sarsat Programme的救援计划。国际搜救卫星组织的工作方式是通过卫星进行通信和定位，及时、准确地发出遇险警报和遇险位置数据，帮助附近的搜救部门找到遇险的飞机、船舶及遇险人员，以便执行搜救任务。提供通信和定位服务的卫星由参与国际搜救卫星组织的各个国家分别发射，并搭载搜救载荷。国际搜救卫星组织理事会制定了搜救载荷技术标准，以便与各国的地面设备组成有效的搜救系统。搭载搜救载

小·提示

汶川地震的救援过程首次验证了北斗卫星导航系统在灾害救援方面的独特价值。在那之后，人们又不断补充应急预案，令北斗应用愈发高效。例如，2013年，在雅安芦山发生地震后的48小时内，救援人员通过北斗卫星导航系统实现定位2.4万次，通信3万余次。在地震多发区，北斗卫星导航系统成为地震应急救援、灾后监测预警和灾后重建的可信赖的重要基础设施。除了用于地震救援，北斗卫星导航系统还成功用于各种场合的灾害救援，如火灾、洪灾、冰冻雨雪灾害、海上灾难等。

荷卫星的主要任务是在不依赖地面通信设施的条件下，向国际搜救卫星组织的地面设备及时转发遇险警报信号。

2017年，我国启动了北斗卫星导航系统加入国际搜救卫星组织的工作，在后续发射的北斗卫星中，有6颗卫星搭载了搜救载荷，并在成功发射后，通过多次测试，反复验证了在国内外不同区域搜救载荷遇险信号的转发性能。2022年3月，国际搜救卫星组织第66届理事会（CSC-66）确认北斗卫星导航系统搭载的6套搜救载荷符合全球中轨卫星搜救系统空间段的标准要求。至此，北斗卫星导航系统加入国际搜救卫星组织的技术审核工作全部完成。有了北斗卫星导航系统的加入，国际搜救卫星组织的全球救援能力得到了大幅度提升。

国际红十字与红新月会国际联合会是一个遍布全球的志愿救援组织。与国际搜救卫星组织的工作重点——找到遇险的飞机、船舶和徒步旅行者不同，国际红十字与红新月会国际联合会的工作重点是为战乱、灾害中的受害者提供医疗服务和救助。目前，中国卫星导航系统管理办公室已和阿拉伯红新月会与红十字会组织，以及伊拉克、约旦、叙利亚等国家的红新月会合作，通过提供搜救技术支持，推动北斗卫星导航系统在阿拉伯国家人道主义救援等领域的应用。

在国内，北斗卫星导航系统更是得到了全方位的应用。

北斗卫星导航系统广泛服务于中国红十字救援队旗下的各支救援队，支持搜救、赈济、医疗、供水、

大众卫生、心理、水上、通信等各类救援任务。其中，中国红十字（北京999）医疗救援队配备了加装北斗卫星导航系统的医疗救援直升机，能够覆盖以北京为中心、半径为600千米的区域，用于京津冀地区的日常医疗救护和防灾减灾救援，还为2022年的北京冬奥会提供了空地一体化救援服务。

在给救护车和医疗救援直升机安装北斗终端后，不仅可帮助救护车和医疗救援直升机进行定位导航、联网运行、规划线路，避开拥堵和危险路段，确保用最短时间把患者转运到医院，还可实现医护人员的就近派遣，让医护人员及时介入，提升救治成效。

医疗垃圾是指医疗卫生机构在对患者进行诊断、治疗、护理等活动过程中产生的垃圾，可能含有大量的病原微生物和有害化学物质，甚至放射性和损伤性物质。如果处理不好，医疗垃圾就会成为传染源。例如，2020年，武汉市在阻击新冠疫情，同时救治的重症患者接近1万人时，医疗垃圾呈现爆发式增长：疫情前，全市每天处理医疗垃圾的能力大约为50吨；疫情期间，医疗垃圾的库存量峰值达到了192吨。为了消除隐患，武汉市需要具备4倍于常规处理医疗垃圾的能力——通过北斗卫星导航系统打造的全新医疗垃圾监管平台，可掌控全市各个医院医疗垃圾的产生、储存、转运、转运后的处置等情况，随时精确定位转运车辆，实现全过程数据透明化监管。有了监管平台，武汉市可以有的放矢地增加医疗垃圾的转运车辆和处理设备，扩充处理能力，统一

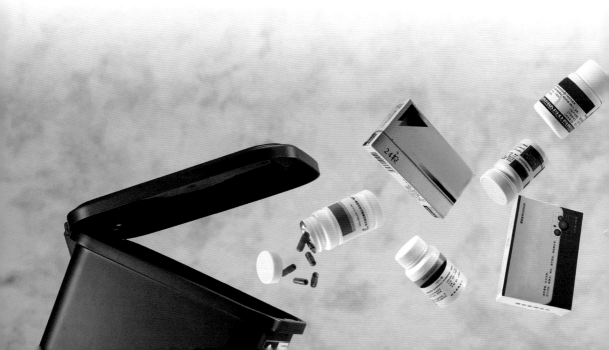

调度，定车、定线、定时、定点作业，把每一件医疗垃圾都登记在册，杜绝二次污染。

除了可监管医疗垃圾，监管平台还可通过分析转运车辆的行驶数据，判断驾驶员是否处于疲劳驾驶状态，通过及时发出的预警，降低人员风险。

在医疗物资和生活物资的精准配送、自动消毒等防疫过程中，北斗卫星导航系统也能大显身手，特别是能够喷洒消毒液的无人机，每出动一次，喷洒消毒液的覆盖面积就高达5000平方米，大大提高了消毒效率。

未来，中国将继续优化、提升北斗卫星的国际搜救服务性能，为全球航海、航空和陆地用户提供"北斗守护"，为更多的求救者带来生的希望。有了北斗卫星导航系统的加入，医疗领域将会不断地用科技取代人力的简单重复劳动，从而能够更好地为需求者服务。

想一想 搜一搜

1. "有效载荷"是什么意思？
2. 心理救援是指什么？

第9章

建筑测绘和施工

仅用 10 天时间，能建成一座医院吗？这一看似不可能完成的任务，却在抗击新冠疫情时成为众多"奇迹"之一：火神山医院和雷神山医院自 2020 年 1 月下旬正式开工建设，到 2020 年 2 月上旬验收、移交、开始收治病人，分别用时 10 天和 12 天。火神山医院的建筑面积为 3.4 万平方米，拥有 1000 张床位。雷神山医院的建筑面积为 7.9 万平方米，拥有 1500 张床位。两家医院的病房内均配备了空调、卫生间，并架设了 5G 基站。

在火神山医院和雷神山医院的建设过程中，中央电视台的视频 App 全程直播。全国网友主动轮流"监工"，被戏称为"云监工"。"云监工"的人有多少呢？最多的时候，在线观看火神山医院和雷神山医院建设现场直播的网友超过 6000 万人，堪比南非共和国的总人口数。

两座医院以举世震惊的 10 天、12 天时间拔地而起。在建设过程中，北斗卫星导航系统起到了关键作用。由于建筑物是"种"在土里的，因此地基就像房子的"根"。如何打地基呢？常用的打地基方法是在施工所在地，由测绘主管部门给出几个作为位置基准的"控制点"，从"控制点"开始，先用尺子测量长度、用经纬仪测量角度来确定工地范围，再用尺子、经纬仪逐个确定打桩位置。怎么才能把打桩位置（桩位）标记出来呢？

小·提示

在土地上标记一个打桩位置比在图纸上标记要麻烦得多，不是戳个小坑、插根钉子那么简单。由于工地上的人很多，走来走去，小坑很快就会消失不见，钉子也会倒、会移位，所以需要放样，即先用直径为 8 毫米的钢钎竖直在土地上打一个 20 厘米深的孔，再在孔中灌注石灰水或石灰粉，最后插上标志物，如木棍。

在有了卫星定位和导航技术助力后，建筑打桩就不用这么费事了：用软件控制打桩机，导入建筑图纸数据（桩孔位置坐标已在其中）；移动打桩机的钻杆，通过北斗卫星导航系统读取钻杆的位置坐标，如果钻杆的位置坐标和图纸数据中的桩孔位置坐标相同，则钻杆到位，开始钻孔。新方法不仅省去了很多测量工作和放样工作，还能在打桩过程中实时跟踪打桩精度，一旦出现不符合要求的偏差，就可及时修正。在获得北斗卫星导航系统提供的高精度位置服务后，桩孔定位精度可达 1 厘米，完全能够满足建筑要求。

在建好地基、浇筑完成承载第一层房屋的混凝土后，又一个需要定位服务的工作出现了——放线。放线是建筑施工中不可缺少的一部分，即在混凝土表面用墨线弹出墙、门、窗的位置。传统的放线工作是基于控制点，利用尺子和经纬仪把施工蓝图等比例扩大并绘制在混凝土表面。建设火神山医院、雷神山医院的全部放线工作，均由北斗卫星导航系统协助完成，即把施工蓝图上的各控制点直接对应到混凝土表面后，将其连接成墙线，大大节省了放线时间，减少了出现差错的可能性。在得到北斗卫星导航系统高精度定位设备的火速驰援后，两座医院建设工地大部分的放线测量工作均一次完成，为迅速施工争取了宝贵时间。

其实，基于北斗卫星导航系统的建筑设计和施工技术，早已走出国门。

2015 年，科威特国家银行总部高达 300 米的摩天大楼，采用基于北斗卫星导航系统的高精度接收机对施工精度"保驾护航"，将施工过程中的垂直方向测量误差控制在了毫米级。

2018 年，马尔代夫阿拉赫岛海上打桩项目通过北斗卫星导航系统提供的全天候、高精度服务，实现了智能化监控、可视化作业、高精度施工。

与建筑测绘原理相似的，还有使用 GNSS 进行高程测量。你知道世界最高峰有多高吗？2020 年 12 月 8 日，中国和尼泊尔共同宣布珠穆朗玛峰的最新高程为 8848.86 米，比 2005 年测得的 8844.43 米高了 4 米

多！珠穆朗玛峰在两大板块的挤压下，一直在"长高"。若以现有的"长高"速度计算，再过 3898 年，珠穆朗玛峰的"身高"就能超过 10000 米了。

为珠穆朗玛峰测量高程，既是科学项目，又是体育项目——毕竟需要登山队员登顶观测才能完成。最新高程 8848.86 米是如何得到的呢？答案是综合了 GNSS 卫星测量、精密水准测量等技术得到的。在 GNSS 卫星测

量过程中，又使用了四种全球导航卫星系统——全球定位系统（GPS）、伽利略导航卫星系统、格洛纳斯导航卫星系统和北斗卫星导航系统（以北斗卫星导航系统的数据为主）。

在未来的工程测绘中，北斗卫星导航系统将继续发挥重要作用，所带来的技术变革，会给各种测绘项目带来更多机遇。

想一想　搜一搜

1. 在没有人工干预的情况下，建好的房子会移动吗？
2. 什么是水准测量？

第 10 章

找矿和采矿

人类利用地球矿产宝藏的历史悠久，采铜、晒盐等都可以追溯到几千年前。虽然和古人相比，现代人寻找矿产宝藏的办法多了不少，但仍需要地质队员到现场寻找。即使有了仪器数据和卫星拍摄的图像，人工勘探环节也不能省略。新发现的矿产宝藏大多位于人烟稀少的地方，此时北斗终端便可"大显身手"了。目前，我国的地质队员（找矿员）均配备了北斗终端，其中有些北斗终端被制成可穿戴设备，可附在衣服、帽子上，或者戴在手腕上，方便地质队员野外作业。北斗终端的定位功能一般会兼容其他的 GNSS。此外，使用北斗短报文通信功能，既能保障地质队员在偏远地区的安全，又能及时传回现场发现的矿产宝藏信息。

地质队员是寻找矿产宝藏的"侦探"。他们是如何工作的呢？大地虽然藏起了矿产宝藏，却留下了线索。地质队员通过观察地面上的石头、特殊颜色的土壤以及周边的植物，即可探寻矿产宝藏的踪迹。

例如，很多植物能够起到指示矿产宝藏的作用。植物的根系从土壤中吸取水分，若水中含有某种矿物成分，那么植物就像一直在喝矿泉水一般，可能会与其他地方的同类植物长得不一样。如果植物性状的改变与生长地的矿产宝藏相关，则这种植物就被称为指示植物。其中，最有名的指示植物是铜草花。铜草花是唇形科香薷属草本植物，因喜欢富含铜离子的土壤，所以在铜矿地面生长蓬勃，繁殖迅速，秋天开出大片紫色的花。通过铜草花留下的蛛丝马迹，地质队员即可顺藤摸瓜，找到铜矿。

海底虽然也有矿产宝藏，但在茫茫的大海上，既没有地面岩石可看，又没有土壤和指示植物可查，之前熟悉的方法都不再管用，那么如何获得新的矿产宝藏线索呢？为此，地质队员设计了一种专门用来寻找海底矿产

宝藏的船——地震勘探船。地震勘探船是基于地震勘探技术，搭载地震勘探设备的载体，通过人为制造地震进行勘探。当然，由地震勘探船产生的地震是没有危害的。地震勘探船上的高压空气枪能造成海底深处的岩石震动，深处的岩石震动又会通过海底表面岩石、海水的路径回传。如果深处的岩石蕴藏着石油或天然气，那么震动方式会与不蕴藏石油或天然气部位的岩石震动方式不同。正如使用同样的小棍敲击实心陶砖、疏松多孔陶砖、盛水陶盒时会听到不同的声音，地震勘探船通过不同的震动频率和震动强度，可分析并判断该震动的岩石是普通的岩石，还是蕴藏着石油或天然气的岩石。

地质队员若觉得某个岩石部位可能存在矿产宝藏，那么就可通过钻探（验证地质猜想的重要技术手段），取出岩石，分析岩石的组成，推断矿产宝藏的区域，计算矿产宝藏的储量，估算开采矿产宝藏的价值。

由此可以看出，地震勘探技术主要是利用海底介质的弹性和密度的差异，通过观测和分析大地对人工激发地震波的响应，推断出海底岩石性质和形态的勘探方法。其实，地震勘探技术还可用于水下考古、陆地采矿等。北斗卫星导航系统可与地震勘探技术很好地协同：通过北斗卫星导航系统提供的精确定位服务，提高勘探效率。例如，在海床上探矿和开采是一项大工程，需要建设钻井平台。为了精确找到并且对准钻孔位置，地震勘探船和钻井平台都可以采用经过差分（差分：一种提高卫星定位精度的方法，通过比对用户接收机接收到的卫星数据和用户附近地面差分站接收到的卫星数据来实现）校正的

北斗数据来定位，即在钻井平台的不同位置安装北斗接收机，以获得钻孔位置的数据。通过连续记录数据的变化情况，还可实时监测钻井平台的平移、倾斜和旋转，确保作业安全。

在陆地采矿时，同样需要精确找到并且对准钻孔位置。目前，我国各矿区普遍采用北斗卫星导航系统获得钻孔位置。有的矿区还通过通信技术将矿区内所有的钻孔位置、钻孔深度、钻孔速度等数据集成在一个控制平台中，通过控制平台不仅可以统一调度钻机驾驶员，引导驾驶员把钻机驾驶到预定的钻孔位置，还能分析多个钻孔位置、钻孔深度、钻孔速度等数据，从而得到矿区内各部位岩石的硬度信息，选取恰当的爆破方式，改善爆破效果，节约开采成本。

矿井安全是采矿业的头等大事。

北斗卫星导航系统可以为其筑起一道安全屏障。

在矿山和隧道发生形变，危险可能很快就会降临时，通过安装基于北斗卫星导航系统的传感器监测形变，可有效预警塌方风险。

在矿井下，可先将矿井下的瓦斯浓度及风机等设备的运行状态数据，经由数据线自动传输到安装在地面的北斗终端，再通过北斗短报文功能，由北斗终端定时传输到北斗卫星，最后通过北斗卫星转发到矿区控制中心。当矿井下的数据出现异常时，矿区控制中心会立即报警。

经过多年开采的老矿区，很容易发生地面沉陷，甚至在矿区作业停止后，还会出现地表坍塌的情况，严重影响矿区人员的生命财产安全。以往监测老矿区地面沉陷主要通过定期测

绘实现，在人手不足时，很难及时获取地面沉陷的变化数据。有了北斗卫星导航系统助力，特别是所提供的精密单点定位服务，使得静态毫米级定位成为现实。例如，在监测老矿区地面沉陷的实操过程中，北斗传感器能够感知地表出现的约 5 毫米的高度变化，并能够实时预警，确保安全。

人员在进入矿山排除隐患或开展救援行动时，通过使用手持的北斗终端或可穿戴的北斗接收机，不仅可实现定位和通信，还能让控制中心及时掌握现场人员的位置和状况。

除此以外，北斗卫星导航系统还可用于矿区车辆的导航监控、管网巡查、矿井工况监控，以及非法采矿监控等领域，既能实时掌握矿区监测点的变形情况和地质环境，对潜在的地质安全隐患进行全方位监测，又能根据监测结果及时推送预警信息，以保障矿区工作人员及周边居民的生命财产安全，避免造成不必要的损失。

想一想　搜一搜

1. 除了铜草花，还有很多矿产宝藏指示植物。请找出其中一种，并描述它的特性。
2. 除了使用高压空气枪，还有哪些通过人为制造地震来寻找矿产宝藏的方法？

第 11 章

地下管网维护

城市地下空间的结构复杂，常见的有隧道、地下商场、地铁、各种地下管网等。地下管网主要分为三类：传递物质的、传递能量的、传递信息的。

传递物质的地下管网：下水管道、自来水管道、中水（再生水）管道等。人们最早发明的地下管网是用来排出污水和雨水的下水管道。在河南淮阳平粮台古城遗址，考古学家发现了大约4000年前的城市排水系统：将烧制的陶管一节一节地连接成管道，铺设在城市地下，用于排出雨水。

传递能量的地下管网：电力管道、暖气管道等。虽然暖气管道中流淌着热水，看起来与自来水管道类似，但由于暖气管道传递物质的目的是传递热能，因此暖气管道属于传递能量的管道。

传递信息的地下管网：容纳电话线、网线（双绞线）、有线电视同轴电缆、光纤等的地下通信管道。

随着城市规模不断扩大，基础设施日渐完善，地下管网犹如树木的根系一般不断"生长"。超大型城市的地下管网规模更是令人惊叹。

小·提示

以北京市为例，2015 年，在距离上一次普查 29 年后，北京市开始对城六区及远郊区新城共计 3400 平方千米的地区开展地下管网基础信息普查，历经 1 年多的时间，统计出地下管线的总长度为 15 万千米，用于检修的井盖数量超过 200 万个。2022 年，住房和城乡建设部最新数据显示：北京市地下管线的总长度已达 23.98 万千米，用于检修的井盖数量为 359.90 万个。由此可知，我国地下管网庞大，用于检修的井盖更是不计其数。

在地下管网维护过程中，首先需要维护的是用于检修的井盖，井盖被偷走或损坏是最危险的，因为窨井［为便于检查、维修地下管线，人们设置了从地面通向管线的窨(yìn)井］能"吃人"。解决方案有两种：一种为被动法，给窨井装上防坠网，即使井盖被偷走或损坏了，防坠网也可以防止掉下的人跌落到窨井底；另一种更加主动，给井盖装上北斗定位模块，将井盖的位置数据定时传送到控制中心，只要井盖发生分米幅度的移动就会报警。还可以在配备北斗定位模块的井盖上安装各种传感器，成为物联网的节点，实时监测管线状况。井盖上的传感器一旦监测到漏水或漏气，就会立即发出检修需求和位置信号，通知维修人员。

地下管网的一种常见故障是燃气泄漏。燃气泄漏至少可带来三个问题：泄漏的燃气如果聚集起来，有发生燃烧和爆炸的风险；有的燃气会让人中毒；给燃气公司带来经济损失。

小·提示

关于燃气泄漏会让人中毒，在此需要稍加说明：一方面，我国目前的管道燃气大部分是天然气，天然气的主要成分是甲烷，甲烷本身没有毒性（浓度过高时会使人窒息），比空气轻，容易扩散，发生燃烧和爆炸的风险也比较小；另一方面，我国目前的管道燃气仍有一小部分是人工煤气，人工煤气的安全性不如天然气，含有一氧化碳，人吸入可能会中毒。

为了能够及时发现燃气泄漏，燃气公司会派巡检员定期巡检：通过读取燃气管道各处的压力表数据，筛查异常情况；用仪器在燃气窨井检测燃气浓度，判断是否发生泄漏；观察埋设燃气管道上方的地面并进行浓度检测，判断燃气管道是否泄漏。如果泄漏，则巡检员会拿出燃气管道图纸，与卫星定位数据比对，找到泄漏的准确位置，并安排人员维修。排水管道、自来水管道、中水管道、暖气管道、电力管道、通信管道等也都需要进行定期维护。

如果地下管网历时久远，找不到管道图纸，那么在发现故障时，应怎样定位？如何排除故障呢？此时，要使用管道探测仪，在地面寻找埋设管道的位置。管道探测仪有很多种，可以粗略地分为通过露出管道传递信号和不通过露出管道传递信号两种。这里说的信号，又分为电信号和超声信号。

管道上的电信号是如何向周围传递的呢？超声信号为什么可以从地下管道到达地面？原因是，电信号为电磁波，超声信号为超声波。

声音来自振动，频率大于20000Hz的声音，人们无法听到，被称为超声。振动能在介质中传递，形成波：向池塘扔一块石头；石头穿过水面，沉下去；石头扰动撞击位置的水，使水面上下振动；振动向周围以相同的速度传递，形成一圈一圈的涟漪，即水波。"扔石头实验"可使人们能够直接观察到水波。由此可以知道，波是振动的传递。再做一个实验，振动源由石头换成线，把池塘里的水换成空气。把一段棉线、尼龙线或金属线的两头绑在固定位置，例如栅栏的两根相邻的直杆上，尽量拉紧线后弹拨线，就能听到拨线声。此时拉紧的线是一根弦。被弹拨的弦可扰动附近的空气微团，使空气出现疏密变化，即振动。振动通过空气微团向周围传递，传递到人们的耳朵里，让人们听到声音。这个实验是由于弦的振动带动空气振动，振动在空气中传递，从而产生声波。声波也可以在其他介质中传播，如水中、金属管中、塑料管中等。

利用超声信号探测的管道探测仪，由其信号源部分产生超声信号，超声信号通过管道传递，由于超声就是高频振动，因此地下管道的高频振动会通过土层传递到地面，管道探测仪的探测（信号接收）部分就能"听"到了。

类似的，利用电信号探测的管道探测仪，其信号接收部分能感应地下管道传递的电磁波。电磁波是由相同且互相垂直的电场与磁场在空间中传递的振荡波，是以波动的形式传播的电磁场，可以不依赖介质在真空中传播。可见光是电磁波。人们能看见太阳光，是因为电磁波不依赖太阳和地球之间的任何介质，只要不被遮挡，就能穿过1.5亿千米的空间距离传递过来。

先说通过露出管道传递信号管道探测仪。该探测仪有两大组成部分，即信号源部分和探测部分。如果要确定某片空地下方埋设管线的具体位置，则可以先在附近找到同类管线的窨井，把探测仪的信号源部分连接在窨井中露出的管道上，施加信号——电信号或超声信号后，信号会沿着管道传播，并可把附近的管道都变成信号源。附近的管道把电信号传递到周围，在地面可以用探测仪的探测部分收集到。超声信号可以通过土层传递到地面，也能让探测仪"听"到。

再说不通过露出管道传递信号管道探测仪。该探测仪也有信号源部分和探测部分，仍然使用电磁波和超声波探测：由信号源部分向地下管道发出信号——电磁波或超声波，通过探测部分收集来自地下管道的反馈信号找到具体位置。

在图纸不完善的情况下要进行地下管网检查和维修，必须反复使用管道探测仪，耗时耗力。现在有了北斗高精度定位系统，就可以将每次检查和维修时获得的水务、燃气、供暖、电力、通信等方面的数据，全部集成

在一张图上，实现全市地下管网一张图。之后，所有承担地下管道维护任务的单位和建设施工单位，都可以依据这张图进行定位，大大提高工作效率，避免或减少施工对地下管网的破坏。在地下管网的维护和建设施工过程中，北斗卫星导航系统可将施工现场人员和装备的位置数据传送到控制中心，实现施工过程可视化，为指挥调度提供准确信息。

想一想　搜一搜

1. 把陶管一节一节地连接起来，建成管道，有什么办法可以减少黏合剂的使用量甚至不使用黏合剂？
2. 中水是什么？有哪些用途？

第 12 章

电网运营

电网覆盖了辽阔的国土。耸立的铁塔在平原、丘陵、山地和高原上排列，输电线跨度动辄数千千米。如果说城市的地下管网以其密集繁复令人惊讶，那么电网以其经纬大地的规模更是令人赞叹。电网设施的建设和运维依赖位置信息，更加需要北斗卫星导航系统的帮助。

高压输电线路经常架设在地形、地貌较为复杂的区域，有的架设在山谷、山峰，有的架设在湖泊、高原，因地势多样，不仅运维相对复杂，而且发生区域沉降、地面裂缝、坡上岩石滚落的风险很大，通过建立基于北斗定位模块的动态安全监测系统，可以实现对铁塔塔基附近地质灾害的在线监测和实时预警。

在我国，很多乡村都是非常分散的。有些建制村可能在数百个互不相邻的地方都有房舍。一位电网抄表员一天要走数十千米，连续几天才能通过手工抄录的方式记录一个村的电表读数，回到供电所后，还要逐一录入电脑。若借助北斗卫星导航系统的定位技术和通信技术，则电网抄表员的工作效率会得到大幅度提升：把乡村的机械电表逐步替换为安装了北斗定位模块的数字电表，数字电表数据可远程传回，不再需要人工抄录。

对输电线路的巡检是电力部门日常工作中的一种。若巡检工作做得有效，则可及时发现输电线路存在的缺陷，避免发生重大事故。在以往的输电线路巡检工作中，主要采取手工巡检方式：先将巡检结果记录在纸上，再手工输入电脑或存档保存。这种记录方式不仅不方便查询巡检数据，而且无法准确判断输电线路的运行及检修情况。不仅如此，在人迹罕至的险要地段巡检，还存在极大的安全隐患。有了北斗卫星导航系统后，偏远地区的输电线路可由无人机按照设定的飞行路径巡检，所拍下的巡检画面通过通信技术传回供电所，或者将数据存

储起来，待无人机返回控制中心后，再进行数据分析。若在巡检过程中发现了需要现场处理的故障或隐患，则供电所可以派出装有北斗卫星导航系统通信终端的电力抢修车进行处理。

拓　展　阅　读

　　为了避免因恶劣天气造成输电线路损坏，电网维护工作者常常通过大量的传感器和北斗终端来监测输电线路状态。例如，当高压输电线路上的覆冰达到一定厚度时，由于承重超过电线和铁塔受力的安全范围，需要使用线路融冰装置进行融冰。何时启动线路融冰装置呢？在不能通过手机通信网络传输数据的无人区，只能由巡检员到达现场，凭借经验判断何时启动线路融冰装置。得到北斗卫星导航系统的助力后，配备在输电线路上的拉力传感器、微气象传感器、摄像机等通过北斗短报文通信方式传回数据，为何时启动线路融冰装置提供决策依据。在实际应用场景中，电网维护工作者设定每10分钟传回一次拉力数据和微气象数据，以便及时掌控线路上的覆冰情况。录制完整的视频对北斗短报文通信方式而言，数据量太大，无法传输，需要改用其他的通信方式传输。

如何为高压输电线路上配备的北斗终端和各类传感器供电呢？很多人认为，电就在北斗终端和各类传感器的"身边"，还存在供电问题吗？实际上，高压输电线路输送的电压过高，如110千伏、220千伏的高压电，800千伏、1000千伏的特高压电，是不能直接为北斗终端和各类传感器供电的。由于北斗终端和各类传感器需要使用低压供电，因此一般通过太阳能电池板来供电。

输送的高压电要经过多个变电站逐级降压，才能降到380伏的工业用电或220伏的民用电。用于降压和升压的变电站也需要巡检，并且很多偏远的变电站是无人值守的。这时，一个很科幻的角色——巡检机器人出场了。巡检机器人通过几个小轮子"走路"，可不厌其烦地在变电站里穿梭，绕着变电设备巡视。巡检机器人的"身上"装有雷达和其他传感器，可以避免撞上变电设备，能依托北斗卫星导

航系统进行定位和导航，并以北斗短报文通信方式传送巡检数据。

　　电网中的各种设备组成了一张节点多样的庞大网络。为了能够稳定输出电能，确保发电厂和变电站同步工作就变得至关重要了。目前，电网中的各种设备，都通过北斗授时服务器提供的北斗授时服务"对表"。北斗授时服务器从北斗卫星导航系统获取标准的时间信号，通过服务接口传送给需要时间信息的设备，从而使整个电网的时间同步。

　　总之，电网的运维过程在配备了支持北斗卫星导航系统的智能用电设备后，实现了精准巡检，将传统的人工运维替换为智能运维，大幅提升了工作效率，保障了安全、可靠地运行。

想一想　　搜一搜

1. 高压输电线路上的线路融冰装置是怎么工作的？
2. 有哪些类型的雷达可以帮助巡检机器人避开障碍物？

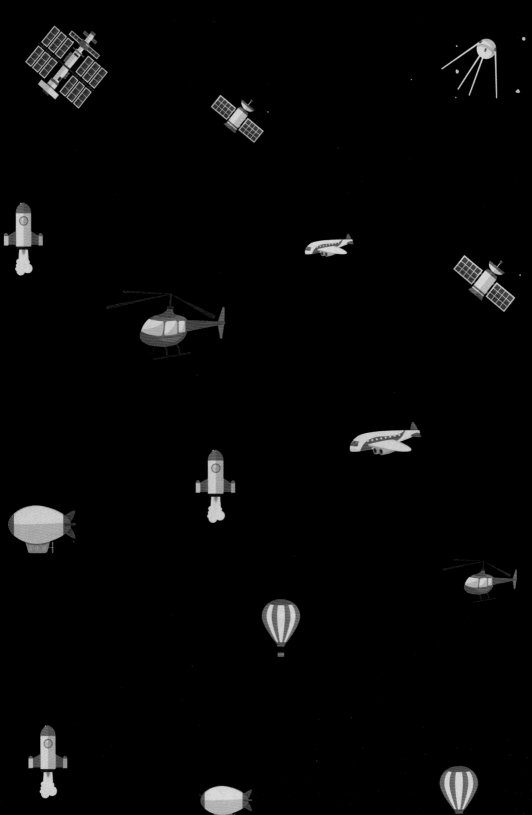